LES FORÊTS

ET

LE PROJET DE CODE RURAL

LES FORÊTS

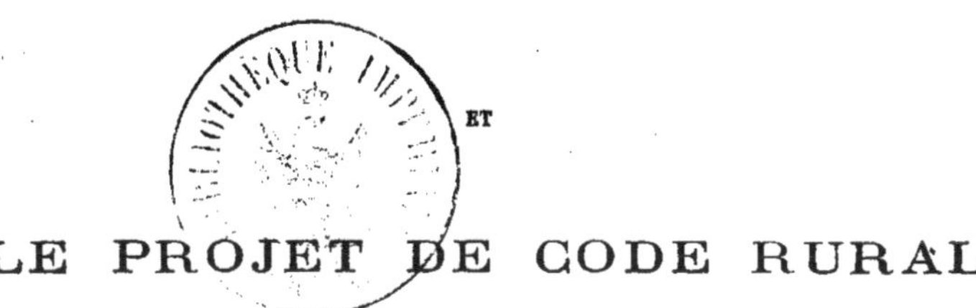

ET

LE PROJET DE CODE RURAL

PAR

A. PUTON

AVOCAT,
PROFESSEUR ADJOINT DU COURS DE LÉGISLATION ET DE JURISPRUDENCE
A L'ÉCOLE IMPÉRIALE FORESTIÈRE DE NANCY.

PARIS
TYPOGRAPHIE A. HENNUYER
RUE DU BOULEVARD, 7

1870

LES FORÊTS

ET

LE PROJET DE CODE RURAL

La propriété forestière paraît avoir tenu peu de place dans les préoccupations des auteurs du projet de Code rural, qui ont eu surtout en vue les intérêts de la propriété agricole. Cependant elle occupe en France plus de 9,400,000 hectares, c'est-à-dire près du sixième de l'étendue totale de l'empire (1), et les bois constituent une des branches les plus importantes des productions du sol.

Il y a deux raisons à cette sorte d'oubli.

La première, c'est qu'une notable partie des propriétés forestières est possédée par des êtres moraux et régie par une administration publique qui lui assure une protection éclairée, de telle sorte qu'il paraît peu utile, au premier abord, de venir en aide à cette nature de propriété par de nouvelles dispositions législatives. Cependant l'étendue des forêts particulières, qui s'est agrandie par les aliénations successives des forêts de l'État, atteint aujourd'hui un chiffre supérieur à 6 millions d'hectares, près du double de la contenance possédée par l'État, les communes et les établissements publics.

La seconde raison est que les besoins de la propriété forestière ont été déjà l'objet d'une étude spéciale qui a produit, en 1827, le Code forestier, dernière œuvre de cette belle codification législative que le Code rural doit compléter. Nous concevons très-bien que les auteurs du projet de Code rural aient peu songé aux forêts, puisque leur but était de combler une lacune de nos Codes, en respectant autant que possible les codifications déjà faites et en plaçant les biens ruraux sous l'empire des lois générales qui régissent la propriété (art. 1er du projet). Mais le Code forestier ne contient que des règles spéciales, des prescriptions commandées par la nature même de la propriété. Quant au droit général, les forêts sont placées sous l'empire des lois qui régissent la propriété, et notamment du Code

(1) Les *Annuaires des eaux et forêts* de 1865 et de 1869 établissent ainsi qu'il suit la contenance du sol forestier :

Forêts des particuliers en 1865	6 126 839	hectares.
— de l'État en 1869	1 088 966	—
— de la couronne	67 202	—
— des communes et des établissements publics	2 132 567	—
Total	9 415 574	hectares.

La contenance de la France est, d'après les statistiques agricoles, de 52 768 618 hectares.

Napoléon. Les forêts sont, au premier chef, des biens ruraux, et les dispositions du nouveau Code seront pour elles le complément du droit général, le régime commun que la propriété n'a trouvé jusqu'alors que dans le Code Napoléon et dans des lois différentes de temps et d'origine.

Aussi, en nous permettant d'appeler l'attention sur quelques points du projet de Code rural, nous n'avons pas pour but de traiter, même incidemment, des modifications dont la loi forestière de 1827 pourrait être susceptible.

Là, en effet, n'est point la question actuellement soumise au travail du législateur.

C'est uniquement au point de vue des intérêts forestiers, restés étrangers à ses savants auteurs, que nous examinerons le projet d'un Code qui, à raison de son titre même, doit, sans aucun doute, s'appliquer à toutes les propriétés situées en dehors des villes.

Tel est le but de ce travail : un examen des articles qui de près ou de loin intéressent les forêts, sans discussion de l'ensemble, comme sans retour sur la législation spéciale forestière, voilà son esprit et son programme.

TITRE I.

SECTION III. — *Des chemins et sentiers d'exploitation.*

Art. 30 et suivants (1). Quand un chemin n'est ni vicinal ni rural, il appartient au propriétaire du terrain sur lequel il est établi comme dépendance de ce terrain ; mais des personnes autres que ce propriétaire peuvent le fréquenter et y acquérir à titre, soit gratuit, soit onéreux, des servitudes de passage. Ceux qui ont intérêt à la création d'un chemin d'exploitation peuvent aussi acquérir en commun le terrain nécessaire, et le chemin devient ainsi une propriété indivise entre ceux qui l'ont créé. Dans l'un et l'autre cas, il faut un titre pour établir soit la servitude de passage, soit même la propriété commune (Code Napoléon, art. 691).

(1) Art. 30. Les chemins et sentiers qui ne servent qu'à la communication entre divers héritages ou à leur exploitation appartiennent, dans l'indivision, aux propriétaires de ces héritages, à moins de titre ou de possession contraire.

L'usage de ces chemins peut être interdit au public.

Art. 31. Tous les propriétaires dont ils desservent les héritages sont tenus les uns envers les autres de contribuer, dans la proportion de leur intérêt, à leur entretien et leur réparation.

Art. 32. Les chemins ou sentiers d'exploitation ne peuvent être supprimés que du consentement de tous les propriétaires qui ont le droit de s'en servir.

Art. 33. Toutes les contestations relatives à la propriété, à l'entretien et à la suppression de ces chemins et sentiers sont jugées par les tribunaux comme en matière sommaire.

Le juge de paix statue en premier ressort sur toutes les difficultés relatives à l'entretien de ces chemins.

Tel est l'état du droit selon le Code Napoléon.

Le projet y déroge d'une manière notable en établissant une *présomption de propriété commune* au profit de ceux qui se servent des chemins d'exploitation pour la communication entre divers héritages. Or les propriétaires se sentant protégés par l'article 691, et sachant qu'aucun droit ne peut être acquis par prescription sur leurs chemins particuliers usent envers leurs voisins d'une grande tolérance et en laissent le plus souvent la fréquentation libre à tous ceux qui y ont intérêt. C'est surtout dans les forêts que ces relations de bon voisinage sont ainsi mises en pratique, parce que les chemins n'y servent qu'à des intervalles irréguliers et rendent aux riverains des services notables sans inconvénient sérieux pour le propriétaire.

Si cette présomption de copropriété passe dans la loi, n'y a-t-il pas à craindre qu'un grand nombre de chemins ne soient retirés de la fréquentation commune par des propriétaires jaloux de conserver leurs droits et de défendre leur bien contre les conséquences de leur tolérance? Le but du projet est bien certainement d'éviter des contestations irritantes sur la propriété de ces chemins agricoles qui sillonnent les champs et qui ont été établis par un accord tacite à une époque incertaine. N'y a-t-il pas lieu de craindre, au contraire, que de nombreux procès ne soient suscités par la crainte de cette présomption légale, que le *titre* ou la *possession exclusive* pourra seul combattre? Ne verra-t-on pas s'élever partout ces poteaux indicateurs de *passages défendus*, signes d'une perturbation profonde dans les habitudes des campagnes?

Relativement aux forêts, cette présomption de copropriété aura pour effet de réduire le nombre des cas dans lesquels les articles 146, 147, 199 du Code forestier sont applicables et de priver la propriété forestière du bénéfice des dispositions contenues dans ces articles, dispositions peut-être un peu sévères, mais dont le caractère préventif a toujours été reconnu nécessaire depuis la célèbre ordonnance de 1669. Car on devra ranger parmi les chemins ordinaires, ouverts à la libre fréquentation des bestiaux, tous ceux dont la propriété n'appartiendrait point exclusivement au propriétaire de la forêt.

S'il n'y avait dans les conséquences de l'article 30 que cette diminution de protection, la propriété forestière s'en consolerait facilement; mais la perte du sol des chemins alarmera bien autrement les propriétaires des grands domaines. Au principe de liberté des héritages qui domine notre législation, le projet oppose, en effet, une présomption de copropriété bien autrement grave qu'une présomption de servitude. Celui qui doit une servitude jouit du droit de déplacer le passage (Code Napoléon, 701), de le faire entretenir à frais communs (697), de l'espoir de le voir supprimer par le non-usage (706); il reste toujours maître d'une propriété qu'il a mis tous ses efforts à arrondir, et que le projet tendra sans cesse à sillonner d'enclaves indivises. Le but que l'on poursuit serait donc atteint d'une manière aussi profitable et moins onéreuse pour les propriétés traversées par les chemins d'exploitation si, à la présomption de copropriété, on substituait la présomption d'une servitude de passage au profit de ceux qui usent des chemins ouverts dans les propriétés d'autrui.

Nous sommes peu partisan des présomptions légales, qui ne nous semblent inventées par la loi que pour attester une sorte d'impuissance. Ce n'est donc que dans des circonstances exceptionnelles qu'il y a un intérêt social à enchaîner par une convention légale la volonté des parties. Est-ce ici le cas? Nous n'osons aborder ce côté de la question; et si, contrairement à notre opinion, on jugeait utile de conserver dans le projet une présomption légale quelconque, nous préférerions celle de servitude à celle de copropriété, comme moins alarmante et par suite plus profitable aux intérêts que l'on veut favoriser.

Nous aimerions à voir rédiger l'article 30 ainsi qu'il suit :

Les chemins et sentiers qui ne servent qu'à la communication entre divers héritages ou à leur exploitation appartiennent aux propriétaires des héritages traversés, à moins de titre ou de possession contraire.

Néanmoins les propriétaires des héritages mis ainsi en communication sont présumés avoir acquis le droit de passage sur les terres traversées s'il n'y a également titre ou possession contraire.

L'usage de ces chemins peut être interdit au public.

Nous aimerions aussi à voir délimiter bien clairement les cas où la présomption de servitude serait opposable. Dans l'article 5, en effet, on définit avec soin les caractères auxquels on reconnaît l'affectation d'un chemin à l'usage du public. Ne serait-il pas nécessaire aussi d'indiquer de quel ensemble de circonstances dépendra la présomption de servitude sur un chemin particulier? Ne pourrait-on la faire naître seulement après une fréquentation continuée pendant un certain délai, ou après des faits de réparation et d'entretien?

TITRE II.

DE LA VAINE PATURE.

Le parcours aboli, la vaine pâture réglementée, la faculté de la supprimer sagement organisée : telles sont les bases des dispositions en projet.

Ces dispositions ne s'appliquent point aux forêts. A aucune époque, on n'a confondu le pâturage dans les forêts avec la vaine pâture. Fournel (*Traité du voisinage*, 4e édit., t. II, p. 530), Proudhon (*Droits d'usage*, n° 33) et les auteurs anciens et modernes définissent la *vive* ou *grasse pâture*, ou simplement le *pâturage*, le produit que l'on peut percevoir *tout l'été* par le moyen du pâturage sur les fonds destinés à fournir, durant cette saison, la nourriture des bestiaux qu'on y met en dépaissance. Le droit de *vaine pâture* consiste, au contraire, dans la faculté qu'ont les habitants d'une commune d'envoyer en dépaissance leurs bestiaux sur les fonds les uns des autres, lorsque ces fonds sont dépouillés de leurs récoltes, ou ne consistent qu'en friches qui, en raison de l'infertilité du sol, sont abandonnés sans culture par les propriétaires.

Bien que les auteurs du projet n'aient point cru devoir reproduire ces définitions, bien qu'ils n'aient point songé à introduire dans l'article 36 (1) l'interdiction de la vaine pâture dans les bois, comme ils l'ont fait pour les prairies naturelles ou artificielles, il n'est pas probable que des contestations puissent s'élever et qu'il naisse de ce côté un danger pour les propriétaires de bois.

Peut être cependant aurait-il mieux valu le prévenir.

Le titre II du projet contient un article relatif à la vaine pâture entre particuliers qui nous paraît devoir attirer l'attention, non parce qu'il intéresse les forêts, mais parce qu'il fait au Code forestier un renvoi difficile à expliquer.

C'est l'article 44 (2).

Nos observations sur cet article sont relatives à quatre points.

1° En réduisant au titre seul l'origine première, la source juridique de la vaine pâture entre particuliers, le projet reste fidèle aux plus purs principes de la doctrine, qui interdisent l'établissement par prescription des servitudes discontinues (Code Napoléon, 691). La convention seule a donc pu constituer des droits de vaine pâture au profit de certaines propriété) sur d'autres héritages. Mais, à cet égard, le projet de l'article 44 nous paraît avoir employé un terme trop limitatif en disant : *entre particuliers*. La convention peut fort bien avoir eu lieu entre commune et particulier, ou entre particulier et section de commune. On préviendrait toute discussion à ce sujet en commençant l'article par les mots *entre propriétaires*, au lieu de ceux *entre particuliers*.

2° La convention de vaine pâture peut être simple ou réciproque, c'est-à-dire que les parties peuvent convenir que la dépaissance s'exercera sur les terres de l'un seulement, ou réciproquement sur les terres de chacun. La loi rurale de 1791 prévoyait ce dernier cas et tranchait en faveur de la libération des héritages une question de droit que le silence de l'article 44 pourra faire renaître (3). Le droit réciproque de dépaissance sur deux fonds n'est pas le *parcours*, puisque ce mot est réservé pour exprimer le droit

(1) Art. 36. Dans aucun cas et dans aucun temps la vaine pâture ne peut s'exercer sur les prairies naturelles ou artificielles.

Elle ne peut avoir lieu sur aucune terre ensemencée ou couverte de quelque production que ce soit, qu'après la récolte.

(2) Art. 44. Entre particuliers, tout droit de vaine pâture fondé sur un titre est rachetable à dire d'experts, sans préjudice du droit de cantonnement, conformément aux articles 63 et suivants du Code forestier.

(3) *Loi des* 28 *septembre*, 6 *octobre* 1791, *sect.* IV, *art.* 8.

Entre particuliers, tout droit de vaine pâture fondé sur un titre, même dans les bois, sera rachetable, à dire d'experts, suivant l'avantage que pourrait en retirer celui qui avait ce droit, s'il n'était pas réciproque, ou eu égard au désavantage qu'un des propriétaires aurait à perdre la réciprocité, si elle existait; le tout sans préjudice au droit de cantonnement, tant pour les particuliers que pour les communautés, confirmé par l'article 8 du décret des 17, 19 et 20 septembre 1790.

de dépaissance entre communes ; il n'est donc nullement aboli par l'article 34. Entre propriétaires, il est l'expression d'une libre convention qui crée des droits égaux, mais d'une utilité souvent inégale pour les parties contractantes.

Une pareille convention est évidemment synallagmatique, en ce sens qu'elle fait naître pour chacun des propriétaires l'obligation de souffrir la dépaissance ; il ne peut donc appartenir à l'une des parties contractantes de mettre fin à la convention et de s'affranchir de son obligation, si la loi ne fait sur ce point une dérogation formelle aux principes universellement admis pour les contrats bilatéraux.

3° Le mode de libération par voie de rachat a été introduit dans notre législation par la loi rurale de 1791. Antérieurement, la libération ne pouvait s'opérer que par le cantonnement, c'est-à-dire par l'abandon en toute propriété d'une portion du fonds grevé équivalente à la valeur du droit lui-même. Ce cantonnement, dont l'origine paraît remonter au dix-huitième siècle, avait été, à l'époque révolutionnaire, un instant confondu avec le *triage* et menacé de suppression comme entaché d'abus de la puissance féodale. Conservé dans l'intérêt de la libération des héritages par les efforts de l'illustre Merlin, il fut reconnu législativement par la loi des 17, 19 et 20 septembre 1790 (1).

Dans la loi rurale de 1791, comme dans le projet actuel, le propriétaire avait donc à sa disposition et à son choix le rachat et le cantonnement pour dégrever la servitude pesant sur son fonds. Mais la loi du 28 août 1792 est venue apporter dans la nature du droit de cantonnement une modification, une véritable confusion de principes, qui a eu sur la doctrine et la jurisprudence les plus fâcheux effets. Par suite d'une fausse application des idées d'égalité qui présidaient à la confection des lois, il fut décidé par l'article 5 de la loi de 1792 (2) que l'action en cantonnement appartiendrait aussi bien à l'usager qu'au propriétaire.

Cette seule disposition enlevait au droit d'usage le caractère de servitude qui lui était, dans l'ancienne législation, universellement reconnu, en faisait une sorte de copropriété bâtarde qui n'était ni la propriété ni l'usage et conduisait à des confusions dont le savant doyen de la faculté de Dijon, M. Proudhon, n'a lui-même pas été exempt.

C'est ainsi que l'on a été conduit à se demander si le droit de vaine pâture entre particuliers est une copropriété ou une servitude ; — si le

(1) *Loi des 20-27 septembre* 1790, *art.* 8.

Il n'est nullement préjudicié par l'abolition du triage aux actions en cantonnement de la part des propriétaires contre les usagers de bois, prés, marais et terrains vains et vagues, lesquelles continueront à être exercées comme ci-devant dans l s cas de droit et seront portées devant les tribunaux de district, sauf à se conformer, pour les ci-devant provinces de Lorraine, des Trois-Évêchés et du Clermontois, à l'article 32 du titre II du décret du 15 mars dernier.

(2) *Loi des 28 août-14 septembre* 1792, *art.* 5.

Conformément à l'article 8 du décret des 19-20 septembre 1790, les actions en cantonnement continueront d'avoir lieu dans les cas de droit et le cantonnement pourra être demandé *tant par les usagers que par le propriétaire*.

cantonnement est un partage, ou une opération de rachat en nature ; — si le cantonnement doit être évalué proportionnellement aux profits que l'usager et le propriétaire retirent du fonds, ou simplement eu égard à l'utilité que l'usager seul en retire ; — si enfin ce n'est qu'après avoir attendu l'action en cantonnement de l'usager et pour y échapper que le propriétaire pourra exercer le droit de rachat (1).

En ce qui concerne les forêts, le Code de 1827 a rétabli les vrais principes de la matière en disposant, dans les articles 58, 63 et 64, que l'action en cantonnement n'appartiendra, comme celle en rachat, qu'au propriétaire, à l'exclusion de l'usager. Il fallut toutefois de longues années, marquées par de singulières variations de jurisprudence, pour dégager les applications du droit des conséquences tirées de la loi de 1792. Ce n'est qu'après 1846, à partir de la publication du savant et impartial *Commentaire du Code forestier*, par M. Meaume, professeur à l'École impériale forestière, que les questions relatives aux droits d'usage dans les forêts ont été nettement affranchies des idées de copropriété qu'avait fait naître la loi de 1792.

En soumettant purement et simplement l'exercice du cantonnement de la vaine pâture aux règles tracées par l'article 63 du Code forestier, le projet abroge sur ce point les funestes effets de la loi de 1792 et ramène la législation à la pureté des principes de la doctrine. Toutefois il serait peut-être bon de l'affirmer davantage, en introduisant dans l'article une phrase pour rappeler que l'action en cantonnement n'appartiendra jamais à l'usager.

4° L'article 44 n'est relatif qu'à la vaine pâture constituée par titre entre propriétaires, et l'on chercherait vainement dans le projet une disposition concernant les autres droits d'usage. Ainsi, il peut y avoir des droits de pâturage plus étendus que la vaine pâture, des droits de vive et grasse pâture, traditions d'habitudes pastorales incompatibles avec le développement du progrès agricole ; il peut y avoir aussi des droits d'usage à la pierre, au sable, aux gazons, aux broussailles, genêts et bruyères, etc., etc., concédés à des époques où la terre était peu et mal cultivée, et devenus aujourd'hui un obstacle sérieux à la mise en valeur des terres incultes. Dans le silence du projet, ces droits continueront à être régis par les lois de 1790 et de 1792, c'est-à-dire que les propriétés ne pourront être dégrevées que par le cantonnement et non par le rachat en argent. Quel inconvénient y aurait-il à donner au propriétaire la double faculté du rachat et du cantonnement, c'est-à-dire de la libération en argent et en propriété, comme on le fait pour la vaine pâture ? Aucun, car ces droits d'usage entravent le développement de l'agriculture bien autrement que la vaine pâture qui ne s'exerce qu'après la levée des récoltes.

De cette façon, la législation serait ramenée à l'unité si désirable dans les lois d'un grand pays.

(1) Jugé en ce sens par la Cour de Rouen le 14 février 1827 (Dalloz, v° Usage, n°s 585 et 586).

Tous les usages autres que ceux des forêts seraient rachetables ou cantonnables à la volonté du propriétaire seul.

Dans les forêts, il ne serait fait aucune innovation au Code forestier, en vertu duquel les droits d'usage au bois sont seuls susceptibles de cantonnement (art. 63) ; tous les autres, c'est-à-dire ceux au pâturage ou à des menus produits autres que le bois, ne sont que rachetables (art. 64). Il n'y a, en effet, aucun avantage à contraindre l'usager à accepter, en échange de ces derniers droits, un canton de forêt qui serait pour lui sans utilité comparativement aux droits éteints. La propriété forestière ne paraît point d'ailleurs réclamer une facilité de libération en sus du droit de rachat.

Telles sont les considérations qui nous conduisent à proposer de rédiger l'article 44 ainsi qu'il suit :

Entre propriétaires, tous droits de vaine, vive et grasse pâture et tous droits d'usage à des produits quelconques sont toujours rachetables, soit à prix d'argent, soit par l'abandon d'un cantonnement, conformément aux articles 63 *et* 64 *du Code forestier.*

L'action en affranchissement d'usage par voie de cantonnement ou de rachat n'appartiendra qu'au propriétaire et non aux usagers.

Toutefois, si les droits d'usage sont réciproques, chacun des propriétaires pourra toujours l'exercer, et le cantonnement ou le rachat se réglera alors eu égard au désavantage qu'un des propriétaires aurait à perdre la réciprocité.

TITRE V.

DU BAIL EMPHYTÉOTIQUE OU A LONG TERME.

Art. 69 (1). Il n'entre point dans le but de ce travail d'examiner l'utilité ou l'inconvénient du rétablissement du contrat emphytéotique. Nous constatons seulement que le projet fait heureusement cesser les controverses qui existent encore dans la doctrine, et nous pensons qu'il sera accueilli avec faveur par cela seul qu'il donne une facilité de plus à la mise en valeur des terres incultes et qu'il crée un nouvel instrument de crédit agricole par la faculté d'hypothèque.

La propriété forestière fournira sans doute des applications de ce nouveau contrat ; car dans certaines localités, on fait souvent exploiter les taillis par un locataire dont le bail embrasse tout le temps nécessaire à la révolution de la forêt ; des concessions de forêts peuvent être faites également à des sociétés d'exploitation pour une durée supérieure à trente ans et donner lieu à des baux emphytéotiques.

Quel sera dans ces cas le droit du preneur?

(1) **Art. 69.** Le preneur a seul les droits de chasse et de pêche. Il exerce à l'égard des carrières et minières tous les droits du propriétaire, et en ce qui concerne les mines, les droits de l'usufruitier.

Le projet ne le dit pas. L'article 69 distingue, à propos des carrières, des mines et des minières, les droits du propriétaire et les droits de l'usufruitier, et dispose que le preneur exercera tantôt l'un, tantôt l'autre. A l'égard des forêts, la nature toute particulière de cette propriété, que l'exploitant peut dévaster et réduire à une valeur très-minime, fait naturellement penser que le preneur ne pourra exercer que les droits de l'usufruitier; mais encore serait-il bon de le dire ! Le plus souvent, sans doute, le titre de concession réglera les droits du preneur; or la convention peut être incomplète, muette même, et il serait utile de suppléer à son insuffisance par l'indication d'un principe juridique formel et rassurant pour le propriétaire, en rédigeant l'article 69 ainsi qu'il suit :

Le preneur a seul les droits de chasse et de pêche. Il exerce à l'égard des carrières et des minières tous les droits du propriétaire, et, en ce qui concerne les mines ET LES FORÊTS, *tous les droits de l'usufruitier.*

TITRE VI.

SECTION I. — *Des bestiaux et des chèvres.*

L'article 70 est général : *Lorsque des* ANIMAUX *non gardés, ou dont le gardien est inconnu, ont causé du dommage, le propriétaire lésé a le droit de les saisir ou faire saisir*... Dans la rigueur du texte, cette disposition s'appliquerait aux chiens qui s'échappent de leur chenil et, se livrant à leur instinct, causent les plus grands dommages aux propriétaires de forêts; car ils détruisent le jeune gibier sans qu'il puisse y avoir contre leur propriétaire d'autre répression que celle de l'action civile résultant de l'article 1385 du Code Napoléon.

La Cour de cassation s'est refusée, avec raison, à voir dans ce fait un délit de chasse (Cass., 21 juillet 1855); et quand le maître des chiens errants est inconnu, les propriétaires de forêts et les adjudicataires de chasse sont absolument désarmés contre des négligences dont l'habitude dénote trop souvent le calcul.

La disposition de l'article 70 sera donc favorablement accueillie à ce point de vue. Mais pour qu'il n'y ait point d'indécision dans son application, il faudrait modifier l'intitulé de la première section, et, au lieu de *bestiaux et chèvres*, mettre *des animaux domestiques*. Autrement on contestera, avec une apparence de raison, les intentions du législateur, car les chiens ne sont pas habituellement compris dans la catégorie des bestiaux.

SECTION II. — *Des animaux de basse-cour.*

Les articles 73 et 74 (1) ne font que reproduire, en l'éclairant des décisions de la jurisprudence, la disposition de l'article 12 de la loi rurale de 1791 qui permet au propriétaire de tuer les volailles qui lui causent des dommages, mais seulement sur le lieu et au moment du dégât.

Les articles 75 et 76 (2) reproduisent également les dispositions de l'article 2 du décret du 4 août 1789 relatives aux pigeons, en les complétant et en transférant des maires aux préfets le droit de prononcer la fermeture des colombiers.

Ces articles, très-clairs, très-bien rédigés, ne sont pas sans utilité pour les forêts où s'exécutent des travaux de repeuplement, souvent dévastés par les volailles des riverains, que l'article 199 du Code forestier n'atteint point, car il ne punit que l'introduction des bestiaux dans les forêts.

Une loi postérieure à celles de 1789 et de 1791, en date du 23 thermidor an IV, punit, par son article 2, d'une amende qui ne peut être moindre de la valeur de trois journées de travail *ou* d'un emprisonnement qui ne peut être inférieur à trois jours, le fait de laisser des volailles à l'abandon sur le terrain d'autrui ; et la Chambre criminelle de la Cour de cassation a décidé, le 10 novembre 1836 et le 16 août 1866, que le fait de tuer des volailles sur le lieu du dommage ne fait pas disparaître le caractère délictueux de leur abandon et laisse subsister la sanction pénale qui punit en ce cas la négligence du propriétaire.

Le silence du projet à cet égard fera naître la question de savoir si la loi de l'an IV est abrogée et amènera peut-être des contestations qu'il serait utile de prévenir. Il est bien certain que le droit de destruction est un mode de justice expéditive qui répugne à bien des propriétaires, et qui est de nature à faire naître des querelles et des violences. Il y a donc un intérêt certain à laisser subsister la sanction pénale du fait d'abandon,

(1) ART. 73. Celui dont les volailles passent sur la propriété voisine et y causent des dommages est tenu de réparer ces dommages. Celui qui les a soufferts peut même tuer les volailles, mais seulement sur le lieu et au moment du dégât et sans pouvoir se les approprier.

ART. 74. Les volailles et autres animaux de basse-cour qui s'enfuient dans les propriétés voisines ne cessent pas d'appartenir à leur maître, quoiqu'il les ait perdus de vue; il peut les réclamer, mais seulement dans les huit jours à partir de celui où il a connu le lieu de leur retraite.

(2) ART. 75. Les préfets, après avis des conseils généraux, déterminent chaque année, pour tout le département, ou séparément pour chaque commune, s'il y a lieu, l'époque de l'ouverture et de la clôture des colombiers.

ART. 76. Pendant le temps de la clôture des colombiers, les propriétaires et fermiers peuvent tuer et s'approprier les pigeons qui seraient trouvés sur leurs fonds, indépendamment des dommages-intérêts et des peines de police encourues par les propriétaires des pigeons.

En tout autre temps, les propriétaires et fermiers peuvent exercer, à l'occasion des pigeons trouvés sur leurs fonds, les droits déterminés par l'article 73 ci-dessus.

et de ne conserver le droit de destruction que comme un moyen extrême que les propriétaires seront libres d'employer.

Il conviendrait ainsi de terminer l'article 73 par les mots : *sans préjudice des peines de police pour le fait de l'abandon de l'animal.*

Il faudrait également terminer l'article 76 par les mots : *pour l'abandon des pigeons*, afin qu'on ne confonde pas la peine de la loi de l'an IV avec celle édictée par le Code pénal (471, n° 15) contre ceux qui contreviennent aux arrêtés de l'autorité administrative. Autrement il pourrait y avoir une différence de sanction préjudiciable à l'harmonie de la loi, et il se trouverait que l'abandon des pigeons en temps de fermeture serait puni moins sévèrement que celui des autres volailles, alors qu'il est le plus dangereux pour l'agriculture.

TITRE IX.

DES ANIMAUX NUISIBLES.

Art. 93 à 95 (1). On conçoit les raisons qui ont engagé les auteurs du projet à ne point s'occuper de la chasse. On ne saurait, à l'occasion d'une loi générale comme le Code rural, toucher à toutes les matières spéciales avec lesquelles la propriété peut se trouver en contact. Aussi ne s'agit-il, dans ces articles, que des droits accordés tant aux *propriétaires* qu'à l'*administration*, contre certains animaux, droits qui n'ont rien de commun avec la chasse, et qui ne peuvent être confondus avec elle que par leur usage abusif ou illégal.

Il n'est pas sans utilité de rappeler sommairement quels sont ces droits, et quelle est à cet égard la législation actuelle.

Il y a d'abord, au nombre de deux, les droits des propriétaires, possesseurs ou fermiers :

1° Le droit de repousser et de détruire les animaux sauvages lorsqu'ils

(1) Art. 93. Les préfets ordonnent, toutes les fois qu'ils le jugent convenable, des chasses et battues générales et particulières contre les loups, les sangliers, les renards, les blaireaux et autres animaux nuisibles.

Ces chasses et battues sont autorisées dans les forêts de l'Etat et dans les propriétés particulières non closes, par arrêtés des préfets.

Elles sont réglées de concert avec les louvetiers, après avoir pris l'avis des maires sur les jours où elles doivent avoir lieu et sur le nombre d'hommes qui y sont appelés.

Les arrêtés des préfets sont publiés trois jours à l'avance dans les communes où les chasses doivent avoir lieu. Ces chasses sont exécutées sous la surveillance des agents forestiers.

Art. 94. Les particuliers qui ont des équipages de chasse ou autres moyens de faire les battues ou chasses contre les animaux nuisibles peuvent être autorisés par les préfets à les exécuter avec ou sans le concours des louvetiers et sous la surveillance des agents forestiers.

Les autorisations peuvent être accordées même en temps prohibé.

portent atteinte ou dommage à la propriété; — Connu dans la doctrine sous le nom de *droit de destruction des bêtes fauves*, ce droit est fondé sur le principe de la légitime défense, n'est point susceptible d'être réglementé par l'administration, et se trouve reconnu par l'article 9, n° 3, de la loi du 3 mai 1844, qui n'a fait que reproduire, sur ce point, les dispositions de l'article 15 de la loi du 30 avril 1790.

2° Le droit de détruire les animaux déclarés nuisibles par le préfet, même en l'absence de dommage causé. — Ce droit éventuel, en ce sens qu'il appartient aux préfets de le faire naître, est appelé *droit de destruction des animaux nuisibles;* il ne s'exerce que par les seuls modes autorisés par l'administration, et forme une heureuse innovation due à la loi de 1844 (art. 9, n° 3).

Il y a ensuite les droits donnés à l'administration dans l'intérêt général de l'agriculture.

Au nom de cet intérêt général, l'administration a le pouvoir de déposséder temporairement les propriétaires de leur droit de chasse, de les en exproprier, en quelque sorte, relativement à certains animaux.

Elle exerce ce droit d'expropriation de trois manières :

1° En autorisant des battues générales contre les loups, renards, blaireaux et autres animaux nuisibles (arrêté du 19 pluviôse an V, art. 2, 3, 4);

2° En délivrant des permissions de chasser ces animaux à des particuliers ayant équipage et autres moyens de chasse (*idem*, art. 5);

3° En donnant des commissions de lieutenant de louveterie à des particuliers chargés spécialement de la chasse au loup et de la direction des battues générales.

Ces trois mesures s'exécutent sous la surveillance et l'inspection des agents de l'administration des forêts.

Tel est l'état de la législation.

Que fait, à cet égard, le projet de Code rural?

Il reste muet sur les droits des propriétaires et ne relate, parmi les droits de l'administration, que les deux premiers.

Il faut bien reconnaître qu'en procédant ainsi les auteurs du projet restent fidèles aux principes énoncés dans l'exposé des motifs, d'après lesquels on ne veut ni faire un *compendium* de lois à l'usage des agriculteurs ni abroger les dispositions contraires des lois générales ou spéciales laissées en dehors du travail. Ce mode de procéder, malgré ses inconvénients, est encore le meilleur, en ce sens qu'il permet d'arriver plus rapidement à une codification que l'agriculture réclame depuis longtemps.

Mais il y aurait peut-être lieu de se relâcher sur ce point de la rigueur du principe, car les droits accordés aux propriétaires pour la destruction des bêtes fauves et la destruction des animaux nuisibles ont été pendant longtemps confondus avec le droit de chasse lui-même, et se trouvent réunis d'une manière assez peu claire dans un seul paragraphe de l'article 9 de la loi de 1844. Ce n'est même que par les publications assez récentes de MM. Sorel et Villequez, en 1862 et en 1867, que ces droits ont été nettement mis en évidence. Il serait donc utile pour les intérêts agricoles de consacrer définitivement ces deux droits par une nouvelle et explicite rédaction.

Examinons maintenant ce que dit le projet des droits de l'administration.

Le projet, en continuant à placer l'exécution des mesures administratives sous la surveillance des agents forestiers, est rassurant pour la propriété forestière, la seule qui se trouve, en fait, exposée à cette expropriation du droit de chasse dans l'intérêt général. Depuis quelques années, le droit de chasse a acquis une haute valeur dans les forêts; et plus cette valeur augmente, plus augmentent aussi les expéditions cynégétiques entreprises sous prétexte d'utilité générale. La protection des intérêts des propriétaires de bois ne saurait être mise en de meilleures mains que dans celles des agents forestiers. La surveillance de ces chasses ne doit pas se borner, en effet, à constater si les chasseurs ne tuent que les animaux désignés par le préfet : un simple gendarme suffirait. Mais il y a, dans la manière dont une chasse se fait, des procédés qui peuvent apporter, sans utilité, le plus grand préjudice aux propriétaires. Telle battue faite à grand renfort de batteurs peut si bien effrayer le gibier, que la forêt en est dépeuplée pour longtemps. Telle chasse faite avec certaines races de chiens peut être désastreuse pour le fauve renfermé dans le bois. Il faut donc une certaine science cynégétique pour surveiller ces chasses et concilier utilement l'intérêt public avec le respect dû à la propriété, et l'administration forestière est le seul service public auquel des connaissances spéciales permettent de confier ce soin.

Cela aura bien pour effet de créer à cette administration des obligations que son personnel, fort restreint dans certaines localités, pourra parfois difficilement remplir. C'est à elle à se mettre en mesure; et le législateur ne saurait oublier que les administrations sont faites pour le public et non es administrés pour les administrations. Du reste, la direction générale des forêts pourrait, sans grandes dépenses, organiser ce service spécial dans les localités où son personnel est insuffisant, en délivrant des commissions à des gardes champêtres choisis, qui recevraient pour cette fonction les instructions des agents forestiers. Elle attendrait ainsi le moment où son rattachement au ministère de l'agriculture viendra lui restituer la place que lui assignent ses fonctions économiques.

Après ce juste assentiment donné aux intentions des auteurs du projet, il nous reste à examiner les dispositions concernant les droits de l'administration.

Il n'est rien innové quant à la louveterie, qui continue à être réglementée par l'ordonnance du 20 août 1814. On se borne à rappeler les deux dispositions concernant les battues et les permissions de chasses particulières.

La première de ces dispositions contient une heureuse innovation dans l'obligation de publier trois jours à l'avance l'arrêté relatif aux battues générales. Quand on ne sait point où se trouvent exactement les animaux dont la destruction est ordonnée, et qu'il y a lieu de procéder par voie de battue générale, il est équitable de prévenir les propriétaires intéressés à la conservation de leurs chasses, et de les mettre à même de surveiller l'exercice d'une mesure qui peut leur être onéreuse.

La seconde disposition du projet tranche une question controversée. Le ministère de l'intérieur, dans une circulaire du 11 avril 1865, avait pensé que l'article 5 de l'arrêté du 19 pluviôse an V permettait toujours aux préfets de donner à des particuliers des permissions de chasser les animaux nuisibles pour le cas où leur présence signalée sur un point ne permettrait point d'attendre l'accomplissement des formalités nécessaires pour les battues générales. Les rédacteurs du bulletin administratif de la *Revue des eaux et forêts* pensaient au contraire que cet article a été abrogé par l'établissement de la louveterie, en 1805, et par un arrêté du ministre des finances du 3 mai 1852, rendu pour l'exécution du décret du 25 mars 1852 relatif à la nomination des lieutenants de louveterie (*Rev. des eaux et for.*, t. IV, p. 48). La question sera donc utilement résolue, et les propriétaires de bois, suffisamment rassurés par la surveillance des agents forestiers imposée à ces chasses, ne sauraient se plaindre d'une faculté mise au service de l'administration pour la défense des intérêts agricoles.

Nous ne ferons aux articles 93 et 94 qu'une observation portant sur les mots : *et autres animaux nuisibles*.

Ces mots se trouvent dans la législation employés dans deux sens et dans deux buts bien différents : c'est dans l'article 9 de la loi du 3 mai 1844 et dans le projet de Code rural, qui les a empruntés à l'arrêté de pluviôse an V.

Quand il s'agit d'autoriser les propriétaires à détruire *sur leurs terres* les animaux nuisibles, on conçoit que les préfets peuvent être larges dans l'énumération des animaux dont ils autorisent la destruction. Ils n'ont, en effet, qu'à se préoccuper de la protection générale du gibier et à empêcher que la destruction faite par le propriétaire dans l'intérêt de ses récoltes ne soit une entrave à la conservation et à la reproduction du gibier, que la loi a voulu favoriser au point de vue de l'alimentation publique. L'intérêt du propriétaire empêchera souvent qu'il n'y ait abus de ce côté. Mais quand il s'agit d'autoriser des chasses *sur les terres d'autrui*, quand il s'agit d'exproprier, au nom de l'utilité générale, des droits de chasse qui ont souvent une notable valeur pour leurs propriétaires, les animaux ne sont réellement nuisibles que lorsqu'ils sont dangereux au point de vue des intérêts généraux de l'agriculture et de la sécurité des personnes. Le but est tout différent, et il y aurait à craindre que l'emploi du même mot dans l'article 93 et dans les arrêtés préfectoraux rendus pour son exécution n'autorisât les chasseurs à détruire dans les chasses administratives tous les animaux compris dans l'énumération dressée par le préfet en vertu de l'article 9 de la loi de 1844 (cette opinion a déjà été émise, à tort, selon nous, par M. Villequez à propos de l'arrêté de l'an V).

Il y aurait donc lieu de remplacer les mots : *animaux nuisibles*, dans les articles 93 et 94, par ceux plus explicites : *animaux dangereux*, pour bien indiquer aux préfets le sens dans lequel leurs arrêtés devront être pris.

Et même nous irons plus loin :

Du moment qu'il s'agit d'une véritable mesure d'expropriation du droit de chasse, il serait convenable de rassurer la propriété forestière et de ne point la laisser exposée à l'arbitraire de l'autorité administrative. Les animaux dont la destruction peut sérieusement être utile au public sont bien connus en France, et il n'y aurait aucun danger à restreindre le droit des préfets par une énumération limitative et non simplement énonciative. Déjà le projet a utilement ajouté le sanglier à la liste des animaux dangereux qui se trouve dans l'arrêté de pluviôse an V. On peut compléter cette liste, mais il est utile de supprimer le pouvoir discrétionnaire du préfet en effaçant de la loi la faculté de désigner les animaux nuisibles. Autrement, s'il convient à un préfet d'ordonner des chasses contre des lapins, des lièvres ou des chevreuils, son arrêté sera valablement pris ; car il recevra de la loi le pouvoir absolu de désigner les animaux nuisibles, et le droit de chasse sera entièrement subordonné au bon plaisir de l'administration : cet utile attribut de la propriété forestière ne sera plus qu'un droit illusoire.

Art. 96 (1). Tout en s'interdisant de toucher à la législation de la chasse, les auteurs du projet, heureusement infidèles à la règle qu'ils s'étaient tracée, ont autorisé les préfets à permettre la vente et le colportage des animaux malfaisants dont la destruction aura été régulièrement autorisée. L'usage de ces permissions était déjà entré dans la pratique administrative en vertu d'une circulaire ministérielle du 25 avril 1862 ; mais la généralité des termes des articles 4 et 12, n° 4, de la loi du 3 mai 1844 faisait élever, sur la légalité du pouvoir des préfets, des doutes qui seront heureusement dissipés.

Il serait utile aussi, dans l'intérêt même de l'agriculture, de faire un pas de plus dans la voie ouverte par cet article 96, en abrogeant le numéro 3 de l'article 12 de la loi sur la chasse, qui punit ceux qui seront détenteurs ou qui seront trouvés porteurs hors de leur domicile de filets, engins et autres instruments de chasse prohibés. Préoccupé de la répression du braconnage, le législateur de 1844 a voulu atteindre les maraudeurs dans leur coupable industrie au moyen d'une disposition préventive. Il n'a pas vu que les engins des braconniers sont les mêmes que ceux en usage pour la destruction des animaux nuisibles, et qu'en réalité il autorisait dans de nombreuses circonstances l'emploi d'instruments qu'il est défendu d'avoir chez soi ou de porter hors de son domicile.

Ces circonstances sont au nombre de cinq :

1° Le propriétaire, possesseur ou fermier peut, d'après l'esprit de l'article 9, n° 3, de la loi de 1844, détruire par *tous moyens*, même avec des armes à feu, les bêtes fauves qui porteraient dommage à ses propriétés ;

2° Le préfet peut, en vertu du même article, déterminer les *modes de destruction* que les propriétaires pourront employer, même en l'absence de

(1) Art. 96. Les préfets peuvent, dans les limites de leurs départements, permettre par leurs arrêtés la vente et le colportage des animaux malfaisants ou nuisibles à l'agriculture, dont la destruction a été régulièrement autorisée.

tout dommage, contre les animaux déclarés par lui malfaisants ou nuisibles;

3° Les préfets peuvent autoriser l'emploi de filets et autres engins pour la chasse des oiseaux de passage (loi de 1844, art. 9, n° 1);

4° Certaines Cours impériales et de nombreux auteurs (Metz, 5 mars 1845; Championière, p. 124; Berriat Saint-Prix, p. 18 et 151; Petit, t. I, p. 69; Rognon, p. 189) reconnaissent aux propriétaires de parcs ou terrains clos et attenant à des habitations le droit d'y chasser suivant tous les modes à leur convenance, et notamment avec des filets et engins prohibés. La Cour de cassation, il est vrai, n'a point admis jusqu'alors cette manière de voir (Cass., 21 juillet 1861 et 21 août 1864); mais il est probable qu'elle finira par l'adopter, car elle a déjà déclaré licite, dans les terrains clos, l'emploi des bourdons et chanterelles, qui est défendu comme les appeaux et les engins de capture par le même article 12 d'une manière générale (Cass., 16 février 1866);

5° Les lieutenants de louveterie sont tenus d'avoir des piéges pour la destruction des loups, renards, blaireaux et autres animaux nuisibles (art. 7 de l'ordonnance du 20 août 1814).

N'est-il point singulièrement anormal de voir le législateur autoriser dans de si nombreuses circonstances l'emploi d'instruments dont il prohibe la détention?

En résumé nous proposons :

1° D'introduire dans le texte du projet des dispositions consacrant d'une manière claire et explicite le double droit qu'ont les propriétaires, possesseurs ou fermiers, de détruire, sur leurs terres, en cas de dommage, tous les animaux sauvages, et de détruire également, même en l'absence de dommage, les animaux déclarés nuisibles par le préfet;

2° D'effacer des articles 93 et 94 les mots *animaux nuisibles*, et d'y compléter d'une manière limitative leur énumération;

3° D'ajouter à l'article 96 :

«Le numéro 3 de l'article 12 de la loi du 3 mai 1844 est abrogé. Il en est de même de la disposition du paragraphe 1 de l'article 16 qui prescrit aux tribunaux d'ordonner la destruction des instruments de chasse prohibés (1).»

TITRE COMPLÉMENTAIRE.

MODIFICATIONS A CERTAINS ARTICLES DU CODE NAPOLÉON.

ARTICLES 591 ET 592.

Nous avons établi, à propos de l'article 69, la nécessité de ne concéder

(1) Cette disposition est, même dans l'état actuel de la législation, au moins anormale; car elle a pour effet de permettre aux corps judiciaires d'imposer à l'administration des mesures relatives à des objets qui appartiennent à l'État après la confiscation prononcée.

au preneur du bail emphytéotique que les droits de l'usufruitier sur les forêts. Or, à l'égard de ces droits, le Code Napoléon fait entre les bois taillis et les bois de futaie une distinction qui est difficile à justifier, et qui a déjà été l'origine de nombreuses et irritantes contestations.

Pour bien faire comprendre cette distinction, il est nécessaire de rappeler que le taillis est un bois dont la régénération se fait par les rejets de souche ; la futaie, au contraire, est un bois qui se régénère par les semences des arbres. Le taillis s'exploite à de courtes révolutions (de dix à quarante ans), et ne convient qu'aux essences feuillues. La futaie exige des révolutions séculaires (quatre-vingts à cent cinquante et même deux cents ans) ; elle comporte des essences feuillues ou résineuses, et ces dernières ne peuvent jamais s'exploiter en taillis, attendu qu'elles ne produisent point de rejets. *Taillis* et *futaie* sont donc des modes de traitement, des procédés de sylviculture entièrement différents, commandés souvent par les localités ou par les essences.

Le mot *futaie* a, en outre, deux autres acceptions :

Il désigne ces arbres baliveaux, modernes ou anciens, qu'on laisse croître sur certains taillis pour fournir des bois de fortes dimensions, et dont on exploite, à chaque coupe, un certain nombre, à charge de les remplacer par des nouveaux.

Il désigne aussi ces grands arbres, ces avenues séculaires qui existent dans les domaines autres que les forêts, et en forment l'ornement comme la valeur.

Les rédacteurs du Code Napoléon n'ont point fait ces distinctions ; ils sont partis de cette idée que les taillis sont *toujours* des propriétés destinées à fournir des revenus, tandis que les futaies sont *présumées* être mises en réserve pour former un capital, sauf le cas où, par une exploitation régulière, le propriétaire a manifesté l'intention contraire. Dans ce cas seul tombe la présomption légale établie pour toutes les catégories de futaies (1).

Le système des articles 590, 591, 592, assez mal rédigés d'ailleurs, est donc celui-ci :

Si l'usufruit porte sur des bois taillis, l'usufruitier doit se conformer à l'aménagement établi, ou, à défaut d'aménagement, à l'usage *des propriétaires* dans la localité. Il peut ainsi, en l'absence d'aménagement et même d'exploitation faits par l'ancien propriétaire, demander la fixation d'un

(1) Dans la communication officieuse qui fut faite à la section de législation du Tribunat, on voit qu'à propos de l'article 587 (devenu 592) la section propose de dire : « Dans tous les autres cas, l'usufruitier ne peut toucher *aux arbres* de haute futaie, » au lieu de *aux bois* de haute futaie qui était dans le projet.

L'objet de ce changement est de comprendre dans l'article non-seulement les bois dits *de haute futaie*, mais encore les arbres qui peuvent leur être assimilés, tels que ceux d'avenue, d'ornement ou épars, pour lesquels le projet de loi présentait une lacune. (Fenet, t. XI, p. 198 ; voir, en outre, le discours prononcé par le tribun Gary au Corps législatif, n° 48, séance du 9 pluviôse an XII, et le rapport du tribun Perreau, n° 17, séance du 2 pluviôse an XII.)

plan d'exploitation conforme aux habitudes suivies dans le pays par les propriétaires de bois.

Si, au contraire, l'usufruit porte sur des futaies de quelque nature qu'elles soient, l'usufruitier ne peut y toucher. Il ne peut même s'approprier les arbres arrachés ou brisés par accident ou les arbres morts. Ce n'est que quand un aménagement a été établi par l'*ancien propriétaire* que l'usufruitier est autorisé à exploiter en se conformant à cet aménagement. Si cette circonstance, exceptionnelle dans la loi, mais très-fréquente dans la pratique ne se rencontre pas, l'usufruitier ne peut demander aux tribunaux de lui fixer un plan d'exploitation conforme aux habitudes des propriétaires de fonds similaires dans la localité (1).

L'idée sur laquelle repose ce système est fausse : car s'il est vrai que les futaies d'ornementation sont plutôt destinées à former un capital qu'à produire des revenus, il n'est pas moins vrai que les arbres réservés dans les coupes de taillis ne sont ainsi mis en réserve que temporairement, pour augmenter, par une exploitation successive et périodique, les produits des coupes de taillis ; il n'est pas moins vrai que le propriétaire d'une sapinière, d'une pineraie, n'a acquis cette forêt, d'une valeur souvent considérable, que pour en tirer des revenus, quand bien même il en aurait légué l'usufruit avant d'y avoir lui-même fait des exploitations régulières. Il n'est pas moins vrai non plus que des réserves de prévoyance peuvent être faites aussi bien dans les bois traités en taillis que dans ceux traités en futaie.

Il en résulte :

Que si un propriétaire lègue à un hospice l'usufruit d'une forêt traitée en futaie, une sapinière par exemple, sans avoir fait des coupes pendant sa vie, cet hospice n'aura le droit d'y faire aucune exploitation ; et le legs sera sans profit pour l'établissement hospitalier, au mépris des intentions évidentes du testateur. — Si un propriétaire a fait dans une forêt de futaie des exploitations importantes mais accidentelles et déterminées par des besoins irréguliers, l'usufruitier n'aura pas le droit d'exploiter la quantité de bois que représente l'accroissement annuel ; car la condition d'une exploitation régulière n'existe pas pour lever la présomption légale de mise en réserve. — Si ce propriétaire a donné en dot à sa fille une pareille forêt, le mari sera obligé de rapporter, sa femme venant à prédécéder, toutes les coupes dont le ménage aura vécu pendant la communauté. — Si enfin la législation n'est pas changée, les concessions emphytéotiques qui seraient faites pour des domaines encore inexploités ne donneront au concessionnaire, dans le silence du titre, aucun droit d'exploitation sur les forêts en nature de futaie.

Il suffit de se reporter à la jurisprudence, aux opinions des auteurs pour voir combien sont nombreuses les contestations que ce système de législation a fait naître, et combien les meilleurs esprits ont hésité devant des

(1) Cass. rej., 8 janvier 1845. Voir Demolombe, t. X, p. 359, n° 407, et les auteurs cités.

conséquences que la logique imposait à l'encontre des faits et des intentions. Ce n'est point ici le lieu de rechercher l'origine d'un système que la raison condamne. Les traditions de l'ancien droit, qui *consolidait* les futaies, en faisait en quelque sorte une dépendance du sol lui-même, n'ont plus de motif d'existence dans une société positive, où la propriété forestière et agricole n'est plus qu'un instrument de production, un capital destiné avant tout à fournir des revenus (1). C'est donc à la fois pour ne pas rendre illusoire la modification demandée à l'article 69 du projet de Code rural, et à la fois pour rétablir l'harmonie dans notre législation, que nous proposons d'introduire dans le titre complémentaire une nouvelle rédaction des articles 591 et 592, ainsi conçue :

Art. 591. *L'usufruit des arbres et bois de futaie est réglé comme celui des bois taillis, soit que les coupes se fassent périodiquement sur une certaine étendue de terrain, soit qu'elles se fassent d'une certaine quantité d'arbres pris indistinctement sur toute la surface du domaine.*

Art. 592. *L'usufruitier ne peut toucher aux arbres ou portions de bois taillis ou futaie, qui ont été destinées à croître en réserve; mais il peut dans ce cas employer, pour faire les réparations dont il est tenu, les arbres arrachés ou brisés par accident; il peut même pour cet objet en abattre, s'il est nécessaire, mais à la charge d'en faire constater la nécessité avec le propriétaire.*

ARTICLE 668 (2).

Les auteurs du projet ont introduit dans le deuxième paragraphe de cet article une heureuse disposition qui met fin à bien des incertitudes, et en vertu de laquelle le copropriétaire de la haie mitoyenne peut la détruire à la charge de construire un mur sur cette limite.

Cet article est muet sur la même question relativement aux fossés, et son silence fera sans nul doute élever des contestations qu'il importe de prévenir, surtout pour les forêts dont les limites sont le plus souvent assurées par des fossés mitoyens.

Il faut bien reconnaître, avec l'exposé des motifs, que les fossés ont un caractère mixte, qui est de servir à la fois à la clôture et à l'assainissement des terres ou à l'écoulement des eaux. Mais quand ce second usage ne se rencontre pas, celui qui veut utiliser sa propriété sera-t-il obligé d'abandonner sa part du fossé mitoyen, comme l'article 666 lui en donne le droit,

(1) Lors des travaux préparatoires du Code Napoléon les vices du système proposé avaient déjà frappé les tribunaux des régions forestières de l'Est, car dans les observations faites par le tribunal d'appel de Nancy, on voit que ce tribunal avait demandé d'ajouter après le mot *taillis* : « et l'exploitation au pied d'arbres dans les forêts où il est d'usage de marquer en jardinant, comme dans les sapinières. (Fenet, t. IV, p. 603.)

(2) Art. 668. Le voisin dont l'héritage joint un fossé ou une haie non mitoyens ne peut contraindre le propriétaire de ce fossé ou de cette haie à lui céder la mitoyenneté.

Le copropriétaire d'une haie mitoyenne peut la détruire jusqu'à la limite de sa propriété, à la charge de construire un mur sur cette limite.

et de respecter ainsi un ouvrage établi dans un intérêt commun? ou pourra-t-il construire sur cette part un mur, un bâtiment, qui enlèveront au fossé toute utilité comme clôture? Les propriétaires de forêts remplacent le plus souvent les anciens fossés qui se dégradent et se comblent par des murs en pierres sèches, remplissant mieux le but proposé. S'ils ne pouvaient construire ces murs jusqu'à la limite même de la forêt, et s'ils étaient obligés de respecter un fossé mitoyen devenu sans utilité, il y aurait pour eux une perte de terrain qui n'est pas sans importance.

Il nous paraît donc utile de prévenir la question en ajoutant à l'article 668 un troisième paragraphe ainsi conçu :

Il en est de même du copropriétaire d'un fossé mitoyen, si ce fossé ne sert qu'à la clôture.

ARTICLE 670 (1).

L'article 670 tranche la question controversée de savoir si l'arbre crû sur la limite de deux héritages est *mitoyen*, c'est-à-dire doit être partagé par moitié, ou *indivis*, c'est-à-dire appartient à chacun des propriétaires dans la proportion des parties de l'arbre situées sur chacun des héritages.

En droit romain, un arbre planté sur la limite de deux héritages était commun aux deux propriétaires s'il avait poussé des racines sur les deux propriétés (Inst., liv. II, t. I, § 31, *in fine*). Les Romains avaient sur la végétation des idées que l'état de la science ne permet plus d'admettre, et le silence du Code Napoléon sur ce point a embarrassé les auteurs.

Tous sont unanimes pour décider que, suivant nos lois, la propriété se détermine par la position du tronc de l'arbre.

Mais les uns pensent qu'à raison de la difficulté du partage, il y a lieu de le regarder comme mitoyen, c'est-à-dire, comme devant se partager par moitié (2).

Les autres pensent que la mitoyenneté est un état de droit qu'une disposition formelle de la loi peut seule créer, et qu'en l'absence de cette disposition, l'article 552 du Code Napoléon règle la question en attribuant au propriétaire du sol la propriété du dessus jusqu'au plan vertical passant par la ligne séparative. Ces auteurs décident ainsi que l'arbre dont le tronc est situé sur la limite de deux héritages appartient indivisément à chacun des voisins pour la partie qui se trouve de son côté. Cette opinion, que nous

(1) Art. 670. Les arbres qui se trouvent dans la haie mitoyenne sont mitoyens comme la haie. Les arbres plantés sur la ligne séparative de deux héritages sont aussi réputés mitoyens. Lorsqu'ils meurent ou lorsqu'ils sont coupés ou arrachés, ces arbres sont partagés par moitié. Les fruits sont recueillis à frais communs et partagés aussi par moitié, soit qu'ils tombent naturellement, soit qu'ils aient été cueillis.

Chaque propriétaire a le droit d'exiger que les arbres mitoyens soient arrachés.

(2) Pardessus, *Traité des servitudes*, n° 198; Duvergier, notes sur Toullier, III, n° 233; Pothier, *Contrat de société*, n° 216; Coquille, *Questions*, n° 274; Desgodets, art. 210; Denisart, v° *Arbres*. Telle est aussi l'opinion des rédacteurs des *Annales forestières*, B. V., p. 51 et *Ann. for.*, 1860, p. 130.

partageons complétement, nous paraît la plus juridique (1), et ce n'est que dans le cas où le terrain lui-même serait mitoyen, comme celui des fossés ou des haies, que l'arbre deviendrait mitoyen.

Il ne paraît pas que la Cour de cassation ait été appelée à se prononcer sur cette question. Le projet la tranche, et il faut en féliciter ses auteurs; mais en la tranchant dans le sens de la mitoyenneté, il formule une disposition onéreuse pour les forêts.

Les arbres de limite sont un objet de continuelle convoitise pour les riverains des forêts, et il suffira qu'un arbre dépasse de quelques centimètres la ligne de limite pour que le riverain soit en droit d'en réclamer la moitié. Vainement, dira-t-on : « Défendez-vous, coupez cet arbre pendant qu'il vous appartient. » La partie n'est pas égale. Pendant que le propriétaire agricole est continuellement sur son champ pour les récoltes et pour les travaux de la culture, le propriétaire forestier n'y va que de loin en loin; les coupes ne passent sur un point qu'à des intervalles éloignés. Pourquoi cet enrichissement de l'un au détriment de l'autre? S'il n'y avait que des propriétés agricoles, l'article 670 ne serait susceptible d'aucune critique, car chaque propriétaire serait dans des conditions identiques pour surveiller son bien, et l'appauvrissement de l'un au profit de l'autre aurait une sorte d'excuse dans une négligence tacite. Mais les propriétaires de bois, qui sont peut-être les seuls pour lesquels la question a de l'importance, sont en réalité maltraités. En demandant le partage dans la proportion de la portion du tronc située sur chaque héritage, ils ne demandent que ce qui est juste et équitable.

Si d'ailleurs les auteurs du projet persistaient à maintenir cette disposition, il faudrait l'expliquer et la compléter; car en créant une mitoyenneté nouvelle à côté des trois seuls cas connus dans notre législation (les murs, les haies, les fossés), il faudrait en régler les conditions. Autrement on se demandera, non sans raison :

Si l'arbre devenu ainsi mitoyen peut être élagué quand celui sur le terrain duquel les branches s'étendent en exige l'élagage;

Si l'on peut s'affranchir de cette obligation par l'abandon de la mitoyenneté;

Si la mitoyenneté de l'arbre entraîne la mitoyenneté du terrain sur lequel il pousse, etc.

Il serait donc non-seulement plus équitable, mais encore beaucoup plus simple de trancher la question de ces arbres de limite dans le sens de l'article 552 du Code Napoléon.

Nous proposons en outre de compléter la rédaction de l'article 670 par l'introduction du mot *fossé*, qui y est omis, car dans les fossés des forêts il croît souvent des brins dont la propriété peut être un objet de contestation.

Il serait rédigé ainsi qu'il suit :

(1) Cette opinion a pour elle l'autorité de MM. Demolombe, *Traité des servitudes*, t. I, p. 544; Marcadé, Code Napoléon, sur l'article 673; Mourlon, *Répétitions écrites*, t. I, p. 786; Duranton, *Cours de droit civil*, n° 379; Dalloz, *Rép.*, v° SERVITUDES, n° 628.

Art. 670. *Les arbres qui se trouvent dans la haie mitoyenne ou dans le fossé mitoyen sont mitoyens comme la haie ou le fossé.*

Les arbres plantés sur la ligne séparative de deux héritages sont indivis.

Lorsque les arbres mitoyens et indivis meurent ou lorsqu'ils sont coupés ou arrachés, ils sont partagés, savoir : les arbres mitoyens par moitié, et les arbres indivis dans la proportion de la partie du tronc qui se trouve sur chaque héritage. Les fruits sont recueillis à frais communs et sont partagés par moitié ou dans la même proportion, soit qu'ils tombent naturellement, soit qu'ils aient été cueillis.

Chaque propriétaire a le droit d'exiger que les arbres mitoyens et les arbres indivis soient arrachés.

ARTICLES 671 ET 672 (1).

On ne saurait trop louer les auteurs du projet d'avoir introduit l'uniformité et la fixité dans la législation des arbres de limite, tant au point de vue de la distance à laquelle ils doivent être plantés, qu'au point de vue de la nature des essences. Aux distances variables prescrites par les règlements et par les usages locaux, ils substituent avec raison une distance légale uniforme pour tout l'empire ; et à la place de dispositions vagues sur la nature des tiges, ils mettent une hauteur fixe de 2 ou 4 mètres, fondant ainsi la loi sur la véritable cause du dommage.

D'après le nouvel article 671, chaque terrain sera frappé, dans l'intérêt d'une utilité réciproque, de servitudes légales qui s'exerceront diversement dans trois zones.

Dans une première zone de $0^m,30$ il ne sera permis de planter aucun arbre ou arbrisseau.

Dans une seconde zone de $0^m,20$ les plantations de végétaux ligneux ne devront pas dépasser la hauteur de 2 mètres.

Enfin dans une troisième zone de $1^m,50$, les plantations ne devront pas excéder la hauteur de 4 mètre.

Ce n'est qu'après ces trois zones frappées, de servitudes, les deux dernières, *non altius tollendi*, et la première *non arbores plantandi*, c'est-

(1) **Art. 671.** Il n'est permis d'avoir des arbres, arbrisseaux ou arbustes, près de la limite de la propriété voisine, qu'en laissant entre cette limite et le centre du tronc ou de la tige la distance prescrite par la loi.

Cette distance est de 2 mètres pour les arbres dont la hauteur dépasse 4 mètres;

De $0^m,50$ pour les arbres ou arbrisseaux dont la hauteur ne dépasse pas 4 mètres;

De $0^m,30$ pour les arbrisseaux et arbustes dont la hauteur est inférieure à 2 mètres.

Les arbres fruitiers de toute espèce peuvent être plantés en espaliers de chaque côté du mur séparatif de deux propriétés, sans que l'on soit tenu d'observer aucune distance.

Si ce mur n'est pas mitoyen, son propriétaire seul a le droit d'y appuyer ses espaliers.

Art. 672 Le voisin peut exiger que les arbres, arbrisseaux et arbustes plantés à une distance moindre que la distance légale soient arrachés ou réduits à la hauteur déterminée dans l'article précédent, à moins qu'ils n'aient été plantés sous l'empire d'un usage constant et reconnu, ou qu'il n'y ait destination du père de famille, ou qu'ils

à-dire, à la distance de 2 mètres, que la végétation forestière pourra prendre en liberté tout son essor (1).

Il y a ainsi une amélioration notable apportée à la disposition vague et incertaine du Code Napoléon, qui permettait de faire arracher des arbres par le simple motif qu'ils étaient de nature à pousser en hautes tiges, et qui avait pour effet de frapper de stérilité, au point de vue de l'arboriculture, une zone de 2 mètres autour de chaque propriété. Cette zone ne sera maintenant frappée que d'une diminution de production, et les propriétaires de forêts ne sauraient méconnaître les intentions conciliantes des auteurs du projet.

La double action du riverain, le double droit de faire reculer les plantations à la distance de 0m,30 et de les faire réduire à la hauteur fixée pour chacune des deux zones suivantes, cesse dans trois circonstances : par la prescription, par la destination du père de famille, et par le fait que les arbres ont été plantés sous l'empire d'un usage constant et reconnu.

A ne considérer que la manière dont cette dernière circonstance est énoncée dans le projet, on pouvait croire que l'intention du législateur est de conserver les usages locaux relatifs à la distance des plantations, et de ne point innover autrement qu'en établissant la distance légale comme règle, et la distance locale comme exception, à l'inverse du Code Napoléon où celle-ci est la règle, et la première l'exception. Mais l'exposé des motifs, rappelant une note de MM. Mesnard et Brincard, maîtres des requêtes au conseil d'Etat, vient dissiper l'incertitude et déclarer d'une manière formelle que le Code rural n'a plus à respecter ces usages abolis et tombés par le fait en désuétude. Cet exposé montre que l'exception à l'action du riverain, tirée de ce que les arbres ont été plantés sous l'empire d'un usage constant et reconnu, est essentiellement temporaire et limitée à la durée des plantations.

Il n'aurait point été inutile de le rappeler dans le texte, en ajoutant ce cas aux deux qui sont indiqués dans le second paragraphe de l'article 671.

Il n'y aurait non plus aucune utilité à conserver l'état exceptionnel établi par la destination du père de famille après l'abatage des arbres plantés en dehors des distances légales, puisque cet abatage met, en réalité, fin à une présomption de convention tirée de cette destination même.

Cette observation faite sur la rédaction de l'article, nous revenons aux forêts.

Tout en reconnaissant qu'il y a dans l'application des dispositions nou-

n'aient depuis trente ans dépassé la hauteur légale, ou qu'il ne se soit écoulé trente ans depuis la plantation, si cette plantation a été faite à moins de 0m,30 de distance.

Dans ces deux derniers cas, si les arbres meurent ou s'ils sont coupés et arrachés, le voisin ne peut les remplacer qu'en observant les distances légales.

(1) Le projet ne prévoit qu'une seule exception, celle des espaliers, à l'observation de la distance légale. Peut-être qu'en cherchant bien, on en trouverait d'autres, non moins justifiées. Nous nous bornons à indiquer que dans certains pays on protége les berges des canaux et des étangs par des plantations d'aunes qui croissent les racines dans l'eau, à l'extrême limite de la propriété que le canal ou l'étang borde.

velles une grande modération et un extrême respect des droits acquis, tout en reconnaissant aussi que le projet est, par sa combinaison de double servitude, moins onéreux que la distance légale du Code Napoléon, nous devons faire remarquer qu'*en fait*, les forêts ne subissent actuellement aucune diminution de produits provenant de l'article 671 du Code Napoléon. Cet article, en effet, n'impose une distance légale de 2 mètres que lorsque les usages locaux n'en fixent aucune autre, et comme, en fait, dans presque toutes les localités forestières, il est dans les usages constants et reconnus de laisser croître les forêts jusqu'à tout près de la ligne séparative des héritages, les tribunaux n'ont point hésité à reconnaître aux propriétaires de forêts, en vertu même de l'article 671, le droit d'utiliser leur terrain jusqu'à la plus faible distance de la limite.

Dès lors le nouvel article 671 sera en réalité onéreux pour les forêts, en ce sens qu'il fera peser sur elles au profit de l'agriculture une charge nouvelle. Nous disons : une charge, parce que les plantations dans les terres cultivées ne sont jamais que l'accessoire de l'industrie agricole. Leur développement est presque toujours un obstacle à la végétation des récoltes principales, et l'établissement de zones de protection réciproque sur les limites des héritages n'a pas d'autre résultat que de garantir le propriétaire lui-même contre les effets des plantations exagérées. Mais dans les forêts, les arbres sont la production principale du sol, le but même de l'industrie sylvicole, et toute entrave apportée à leur végétation sur les limites, se traduit par une diminution de revenu, une charge imposée à la sylviculture au profit de l'agriculture.

Il n'est pas sans intérêt de chercher à évaluer l'importance de cette charge.

Le calcul est difficile, parce qu'on n'a pas de documents sur l'étendue périmétrale de la propriété forestière, et il faut s'en tenir à des données approximatives. On peut considérer qu'un hectare de terrain qui offre, en carré, 400 mètres de périmètre, en présente en réalité beaucoup plus, à cause des sinuosités et des irrégularités dans la forme des propriétés. Toutefois les domaines forestiers sont constitués par des contenances assez grandes et la propriété forestière étant bien moins divisée que la propriété agricole, les limites sont forcément moins étendues. On peut donc compenser l'augmentation venant des sinuosités par la diminution due à l'étendue des massifs et admettre que cette propriété présente en contact avec un riverain 400 mètres de limites par hectare, 200 mètres si l'on veut une évaluation plus modérée. La zone de servitude étant de 2 mètres, c'est une contenance de 4 ares par hectare qui est frappée d'une notable diminution de production ; c'est une charge de 4 pour 100 imposée à la propriété forestière; c'est en réalité une étendue de 376000 hectares, sur les 9 400 000 hectares de forêts, qui est sacrifiée par la loi nouvelle d'une manière inégale, car cette charge atteint bien plus la petite propriété forestière, divisée et morcelée, que les grands massifs de l'État ou des communes.

Que l'on ne vienne point prétendre que cette charge n'est qu'une gêne, une entrave apportée à la végétation et non une diminution de production, attendu que le propriétaire pourra soumettre ces lisières à des exploitations plus souvent répétées. Qui ne sait que toute gêne, toute entrave au libre développement d'une industrie n'est pas autre chose qu'une perte d'argent ? Il suffit de fréquenter un peu les forêts pour savoir, à n'en pas douter, que des coupes de lisière, dans de pareilles conditions, sont d'une vente à peu près impossible. Qui ne sait aussi que dans les sapinières, dans les pineraies, l'étêtement des arbres à la hauteur de 4 mètres amène leur pourriture et que le propriétaire sera ainsi contraint à couper les arbres de lisière au moment même où ils vont prendre de la valeur ?

La charge est donc réelle, considérable, et mérite par conséquent d'être prise en sérieuse considération par le législateur.

La propriété forestière est possédée en France par des hommes trop intelligents pour se refuser à supporter des charges en faveur de l'agriculture. Mais, au nom même de cette considération, il y a lieu à réclamer pour elle des compensations et des limitations bien naturelles.

Sur le chapitre des compensations, le terrain est vaste. La révision de l'article 14 de la loi du 21 mai 1836, relatif aux dégradations extraordinaires des chemins vicinaux ; — l'établissement de droits protecteurs pour l'entrée en France des bois étrangers ; — sont autant d'occasions pour donner à la propriété forestière non-seulement une légitime compensation, mais, en outre, cette égalité de protection à laquelle elle aspire depuis longues années.

L'examen de ces questions nous entraînerait trop loin. Nous revenons à la charge nouvelle dont la menace est contenue dans l'article 671 du Code rural, en proposant de limiter cette charge aux cas où elle offre un réel avantage, et de ne point l'imposer aux forêts dans les cas où aucun intérêt agricole ne se trouve en présence. A quoi bon, en effet, perdre du terrain forestier, quand le terrain du riverain est lui-même en nature de forêt, ou quand ce terrain est en friche ou en pâturage, comme cela arrive souvent dans les pays de montagnes ? Quelle utilité y a-t-il à imposer, dans ces cas, une gêne à l'un sans avantage et sans profit pour l'autre ?

C'est dans ce but que nous proposons la rédaction suivante :

Art. 671. *Comme au projet.*

Art. 672. .... *ou, enfin, si la propriété du voisin est en nature de forêt, de pâturage ou de terres incultes.*

Sauf ce dernier cas, et tant qu'il dure, si ces arbres meurent ou s'ils sont coupés et arrachés, le voisin ne peut les remplacer qu'en observant les distances légales.

Art. 683, 684 et 685 (1).

Dans la rédaction de ces articles relatifs à la servitude de passage pour cause d'enclave, les auteurs du projet se sont appliqués à faire passer dans

(1) Art. 683. Le passage doit régulièrement être pris du côté où le trajet est le plus

la loi les solutions de la jurisprudence sur les questions que le Code Napoléon avait soulevées. Ils les ont tranchées dans le sens de l'équité et conformément à la jurisprudence la plus constante. Ils ont ainsi rendu un service important à la propriété en évitant des contestations que l'ignorance de la science du droit pouvait encore faire naître.

Nous nous associerons à ces louables efforts en prenant la liberté de signaler un point important qui a échappé à leurs investigations.

Les articles du projet indiquent bien comment l'enclave naît et se forme, et tracent, dans ce cas, les droits et les obligations des propriétaires enclavés et enclavants ; mais ils sont muets sur la question de savoir ce qui se passera quand l'état d'enclave viendra à cesser, soit par un cas fortuit soit par l'acquisition par l'enclavé d'une parcelle de terre riveraine de la voie publique.

Les auteurs les plus nombreux (1) avaient pensé que la cessation de l'enclave entraîne, à tout moment, l'extinction de la servitude de passage et replace les propriétaires dans la situation où ils étaient auparavant; ils appliquaient ainsi la règle de droit naturel *cessante causa*, *cessat effectus*. Mais le silence du Code Napoléon a fait soutenir que la cessation du passage n'arrive que quand il ne s'est pas écoulé trente ans depuis la formation de l'enclave et que, passé ce délai, le passage accordé en vertu d'une obligation légale se transforme en une servitude conventionnelle qui reste par conséquent acquise au propriétaire ci-devant enclavé. Telle est l'opinion de MM. Duranton (V, 435), Demolombe (*Serv.*, II, 642) et de la Cour de cassation (req., 19 janv. 1848, D. P., 48, I, 5), dont l'autorité a entraîné plusieurs Cours impériales.

Malgré le respect qui s'attache aux arrêts de la Cour suprême, sa doctrine ne paraît pas devoir rester, sur ce point, la dernière expression de a science juridique (2) et il y a un certain intérêt à faire cesser la controverse en tranchant la question dans le sens de l'opinion de la majorité des auteurs, comme étant la plus conforme au principe fondamental de la libération des héritages.

Nous ajouterions donc à l'article 685 un troisième paragraphe ainsi concu:

court du fonds enclavé à la voie publique. Néanmoins il doit être pris dans l'endroit le moins dommageable à celui sur le fonds duquel il est accordé.

ART. 684. Si l'enclave est la conséquence d'une vente, d'un échange, d'un partage ou de tout autre contrat, le passage ne peut être demandé que sur le terrain de ceux qui ont souscrit ces actes.

ART. 685. L'assiette et le mode de servitude de passage pour cause d'enclave sont définitivement fixés par trente ans d'usage continu.

L'action en indemnité dans le cas prévu par l'article 682 est prescriptible, et le passage peut être continué quoique l'action en indemnité ne soit plus recevable.

(1) Delvincourt, t. I, p. 290 : Taulier, t. II, p. 429 ; Toullier, t. III, p. 554 ; Pardessus, t. I, p. 225 ; Solon, 331, 332 ; Marcadé, art. 382, n° 4 ; Demante, t. II, 539 *bis* ; Aubry et Rau, t. II, p. 308; Dalloz, v° *Servitudes*, n° 877 et suiv.

(2) Elle vient d'être discutée avec une grande puissance de logique par M. Laborde, juge suppléant au Tribunal civil de Toulouse. (*Rev. pratiq. de droit français*, 1869, 2e partie, p. 498.)

La servitude de passage pour cause d'enclave cesse quand l'état d'enclave vient à cesser, quel que soit le temps pendant lequel cet état a duré.

Les servitudes d'enclave sont très-fréquentes dans les forêts, et c'est dans les massifs forestiers, obstacle naturel aux communications des habitants, qu'il se crée le plus de voies publiques nouvelles. L'insertion dans la loi de ce paragraphe serait un pas de plus dans la voie qui tend à éviter les procès, but constant des efforts du législateur.

Paris. — Typographie A. Hennuyer, rue du Boulevard, 7.

www.ingramcontent.com/pod-product-compliance
Ingram Content Group UK Ltd.
Pitfield, Milton Keynes, MK11 3LW, UK
UKHW021036260726
13994UKWH00005B/2179